Sitzungsberichte der Heidelberger Akademie der Wissenschaften
Mathematisch-naturwissenschaftliche Klasse
Jahrgang 1985, 3. Abhandlung

Richard Haas

AIDS –
Ein Virusinfekt des Immunsystems

Mit 6 Abbildungen und 11 Tabellen

Vorgetragen in der Sitzung vom 8. Juni 1985

Springer-Verlag
Berlin Heidelberg New York Tokyo

Professor Dr. med. Dr. h. c. Dipl.-Chem. Richard Haas
Oertelweg 7
8960 Kempten/Allgäu

ISBN-13: 978-3-540-15883-7   e-ISBN-13: 978-3-642-46556-7
DOI:10.1007/978-3-642-46556-7

Das Werk ist urheberrechtlich geschützt. Die dadurch begründeten Rechte, insbesondere die der Übersetzung, des Nachdruckes, der Entnahme von Abbildungen, der Funksendung, der Wiedergabe auf photomechanischem oder ähnlichem Wege und der Speicherung in Datenverarbeitungsanlagen bleiben, auch bei nur auszugsweiser Verwertung, vorbehalten.
Die Vergütungsansprüche des § 54, Abs. 2 UrhG werden durch die „Verwertungsgesellschaft Wort", München, wahrgenommen.

© Springer-Verlag Berlin Heidelberg 1985

Die Wiedergabe von Gebrauchsnamen, Warenbezeichnungen usw. in diesem Werk berechtigt auch ohne besondere Kennzeichnung nicht zu der Annahme, daß solche Namen im Sinne der Warenzeichen- und Markenschutz-Gesetzgebung als frei zu betrachten wären und daher von jedermann benutzt werden dürften.
Satz: K + V Fotosatz GmbH, Beerfelden
2125/3140-543210

AIDS – Ein Virusinfekt des Immunsystems

Es mag 100 Jahre nach Robert KOCH vor allem für Laien ein wenig schwer verständlich sein, von einer neuen, bisher unbekannten ansteckenden Krankheit zu hören. Die Überzeugung ist weit verbreitet, daß die Mikrobenjäger so erfolgreich gepirscht haben, daß das jagdbare mikrobielle Wild bekannt ist. Dieses Bild entspricht jedoch nicht der Wirklichkeit. Im Jahre 1981 gab es ein Debüt auf der mikrobiellen Szene, das sehr schnell weltweite Aufmerksamkeit fand. In USA wurde damals eine anscheinend bis dahin unbekannte Krankheit beschrieben. Sie war allerdings den amerikanischen Ärzten schon etwas früher, etwa 1979 aufgefallen. Einige Jahre später wurde die Krankheit auch in vielen anderen Ländern, darunter auch in Europa festgestellt. Ob es sich bei der Erkrankung um einen ansteckenden Prozeß handelte, wußte zunächst natürlich niemand. Aber sehr bald durfte das vermutet werden.

Sehr schnell bemächtigten sich Laienpresse und andere vergleichbare Medien dieser Erkrankung. Zahlreiche Veröffentlichungen sorgten dafür, daß, wie üblich, Richtiges und Falsches über diese Krankheit in teilweise dramatisierender Weise in der Öffentlichkeit verbreitet wurde. Die erwartete Beunruhigung blieb nicht aus. Sie wissen, wovon ich spreche. Von AIDS. Was heißt AIDS? Wie ist dieser Krankheitsname entstanden, was versucht er anzudeuten?

Was bedeutet das Wort AIDS?

Das Wort „AIDS" besteht aus den Anfangsbuchstaben der Worte Acquired Immune Deficiency Syndrome. Diese vier Worte sind die vollständige Bezeichnung der Krankheit AIDS. Sie drücken aus, daß es sich um ein erworbenes, mit anderen Worten nicht um ein bereits genetisch angelegtes Leiden handelt. Vor allem aber kommt zum Ausdruck, daß bei AIDS ein Defekt im Immunsystem der Patienten vorliegt. Damit wird ein zentrales pathomechanisches Element dieser Erkrankung angesprochen. Darauf werde ich später zurückkommen.

Bevor ich die wichtigsten Symptome der AIDS-Krankheit vorstelle, erlauben Sie eine kurze Bemerkung zur Frage der Entdeckung bisher unbekannter Infektionskrankheiten in jüngster Zeit. Das ist nämlich, wie die folgende Übersicht (Tabelle 1) zeigt, keineswegs ein seltenes Vorkommnis.

Diese Übersicht enthält nur Infektionen, die vor 20 Jahren noch unbekannt waren. Es ist eine stattliche Reihe. Über eine dieser Krankheiten konnte ich in ei-

Tabelle 1. „Neue" Infektionen seit 1960

FSME
Marburg/Ebola
Lassa
„Toxic Shock"
Amöben-Enzephalitis
Yersiniose
Legionella-Infektionen
Campylobacter-Infektionen
Clostridium difficile-Enteritis
Babesiose
Lyme-Disease
Creutzfeld – Jakob –; – Kuru
B-Streptokokken
AIDS

---

ner Akademiesitzung schon einmal vortragen. Ich glaube übrigens, daß Pandoras Büchse noch nicht leer ist.

Doch zurück zu AIDS

Wie auch bei den übrigen von mir in vorstehender Tabelle aufgeführten Beispielen ansteckender Krankheiten, die erst seit wenigen Jahren bekannt sind, war es die räumliche und zeitliche Häufung bestimmter Syndrome, welche die Ärzte vor diagnostische Rätsel stellte. Bei AIDS kam hinzu, daß die Erkrankung allen therapeutischen Bemühungen trotzte. Fast alle Patienten starben nach monatelangem qualvollen Leiden. Manche Autoren glauben, daß die Sterblichkeit nahe bei 100% liegt. Diese Zahl habe ich jedenfalls kürzlich auf einer AIDS-Tagung in Atlanta gehört. Mit einigermaßen verläßlichen Zahlen kann aber im Augenblick niemand dienen. Der Verlauf der Krankheit ist protrahiert. Die Inkubationszeit, wenn man überhaupt bei AIDS von ihr sprechen kann, ist äußerst variabel. Es werden Zeiten zwischen sechs Monaten und drei bis vier Jahren genannt.

Symptome von ARC und AIDS

Wie sind die für AIDS verdächtigen Symptome?

Es ist heute üblich und wohl auch zweckmäßig, hierbei eine gewisse Unterscheidung zu machen zwischen einem Stadium, das als ARC (AIDS-Related-Complex) und Pre-AIDS bezeichnet wird und der typischen voll entwickelten AIDS-Erkrankung. ARC ist vielfach nur das Anfangsstadium.

In den folgenden Tabellen habe ich in einer hoffentlich auch für den Laien verständlichen Form die wichtigsten Symptome, die einen AIDS-Verdacht begründen und die schließlich das volle Krankheitsbild charakterisieren, zusammengestellt.

Tabelle 2. AIDS-related complex (ARC)

1. generalisierte Lymphadenopathie (Ätiologie ungeklärt)
2. Fieber ungeklärter Ursache
3. Nachtschweiß
4. Gewichtsverlust
5. chronische Diarrhoe
6. Störung der zellulären Immunität
7. Epidemiologie wie AIDS
8. ARC etwa 5–10 × häufiger als AIDS

Wie man sieht, gehören zu den frühen Symptomen Lymphdrüsenschwellungen und zwar außerhalb der Leistengegend, starker Gewichtsverlust, Fieberattacken unklarer Ursache, Durchfälle, Unwohlsein und Nachtschweiße. Diese in der Frühphase bestehenden Symptome sind wenig charakteristisch.

Bei voll ausgeprägtem Krankheitsbild treten alsdann Veränderungen auf, die ich in der folgenden Tabelle 3 in vereinfachter Form wiederzugeben versuche.

Tabelle 3. Symptomatik von AIDS

- Kaposi-Sarkom
- opportunistische Infektionen
  Protozoen (z. B. P. carinii, T. gondii)
  Pilze (Candida sp.)
  Bakterien (Mycobakterien)
  Viren (CMV, HSV)
- Störung zellulärer Immunität
  Lymphopenie, T4-Zellen/T8-Zellen = <1,4
  negative Hauttests („recall Antigene")
- polyklonale Hypergammaglobulinämie
- verminderte alpha-Interferonsynthese
- beta-2-Mikroglobulin erhöht
- Neopterin erhöht

Es sind zum einen bösartige Geschwülste, von denen ich hier besonders die sogenannten Kaposi-Sarkome nenne. Diese Kaposi-Sarkome sind schon lange bekannt. Sie wurden erstmals 1872 beschrieben. Aber neu war ihre lokale und zeitliche Assoziierung mit AIDS. Dagegen wußte man, daß Kaposi-Sarkome auch bei immunsuprimierten Patienten auftraten. Hier wird vielleicht eine interessante Beziehung zwischen AIDS und Kaposi-Sarkom sichtbar. Neben Kaposi-Sarkomen stehen aber noch eine ganze Reihe anderer Geschwülste in eindeutiger oder vermuteter Beziehung zu AIDS.

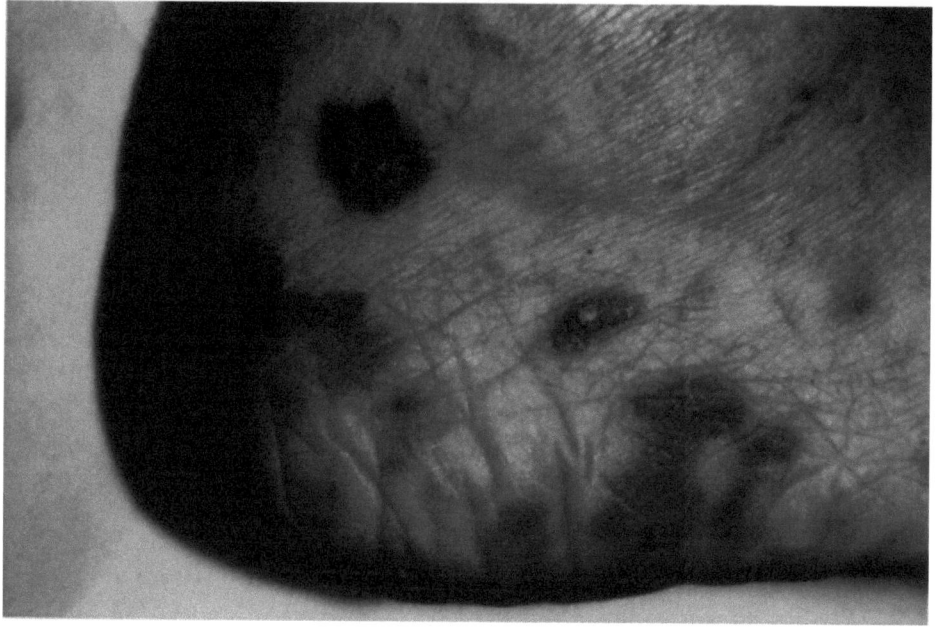

Abb. 1. Kaposi-Sarkom bei AIDS

Bei AIDS-Patienten entwickeln sich jedoch im Verlauf ihrer Erkrankung nicht nur Kaposi-Sarkome und, wenn auch seltener, einige andere Tumoren, sondern sie erliegen meist Infektionen mit Erregern, mit denen die meisten Menschen im Laufe ihres Lebens infiziert werden. Ein Mensch mit funktionstüchtigem Immunsystem bringt diese Infekte jedoch unter Kontrolle. In der Regel wird ihm überhaupt nicht bewußt, daß er infiziert ist. Seine zuständigen Zellen erledigen das, ohne daß im Bewußtsein Alarm ausgelöst wird.

Man bezeichnet die entsprechenden Mikroben als opportunistisch. Ich finde diese Bezeichnung nicht gut, sie hat sich aber allgemein, auch international, durchgesetzt. Es handelt sich bei diesen opportunistischen Keimen um eine außerordentlich heterogene Gruppe von Protozoen, Pilzen, Bakterien und Viren.

Die folgende Tabelle 4 bringt eine gekürzte Übersicht über die wichtigsten dieser Keime, die gewissermaßen bei AIDS den zum Tode führenden Prozeß initiieren und unterhalten.

Tabelle 4. Häufigste Infektionserreger bei AIDS und die von ihnen verursachten Syndrome

Pneumocystis carinii	Pneumonie
Cryptosporidium	Diarrhoe, Cholecystitis
Toxoplasma gondii	Enzephalitis
Candida species	Mundschleimhautentzündung, Ösophagitis
Cryptococcus neoformans	Meningitis, Pneumonie
Mycobacterium avium intracellulare	Lymphadenopathie, Pneumonie
Cytomegalovirus	Pneumonie, Hepatitis, Enzephalitis
Epstein-Barr-Virus	Burkitt-Lymphom
Herpes simplex-Virus	ulzerative mucocutane Läsionen

Man findet darunter sehr ubiquitäre und in der Regel harmlose Vertreter wie Pneumocystis carinii und Toxoplasma, zwei Protozoen, ferner Cytomegalovirus und Epstein-Barr-Virus. Ich möchte Sie nicht weiter mit Einzelheiten behelligen, da diese für das Verständnis der AIDS-Erkrankung wenig informativ sind und die Mikrobennamen vermutlich Nichtmedizinern wenig sagen.

Stark vereinfacht läßt sich somit die Haupt- und Endphase der AIDS-Erkrankung auf drei Gruppen aufteilen: 1. opportunistische Infektionen, 2. Kaposi-Sarkome und einige andere Tumoren und 3. eine Patientengruppe, die an beidem leidet, nämlich Kaposi-Sarkomen und opportunistischen Infekten. Das versucht die folgende Tabelle 5 wiederzugeben.

Tabelle 5. AIDS-Fälle in 17 europäischen Ländern (Stand 31. 12. 1984)

Krankheitsgruppe	Fälle		Todesfälle	
	n	[%]	n	[%]
Opportunistische Infektion	484	64	264	55
Kaposi-Sarkom	151	20	36	24
Opportunistische Infektion und Kaposi-Sarkom	121	16	72	60
Sonstige	6		4	67
Gesamt	762	100	376	49

Die Tatsache, daß opportunistische Infekte bei AIDS-Patienten so häufig tödlich enden und die weitere alte Beobachtung, wonach Kaposi-Sarkome häufig bei immunsuprimierten Patienten aufgetreten waren, deutete von Anbeginn darauf hin, daß bei AIDS-Patienten ein Immundefekt zu vermuten war. Das konnte natürlich nur durch Laboruntersuchungen geprüft und erhärtet werden.

Epidemiologie

Bevor ich darauf eingehe, lassen Sie mich einige Worte über die Epidemiologie von AIDS sagen.

Die Zahl der seit 1981 bekannt gewordenen AIDS-Erkrankungen ist sowohl in USA als auch in Europa kontinuierlich angestiegen. Das verdeutlichen die folgenden Abbildungen und Tabellen.

Seit AIDS als Krankheit sui generis erkannt, definiert und systematisch in den CDC (Centers for Disease Control) in Atlanta erfaßt wurde, wurden in USA mehr als 9000 Fälle registriert. Bisher sind etwa 50% gestorben. Die folgende Abb. 2 veranschaulicht die Entwicklung in USA während der letzten Jahre.

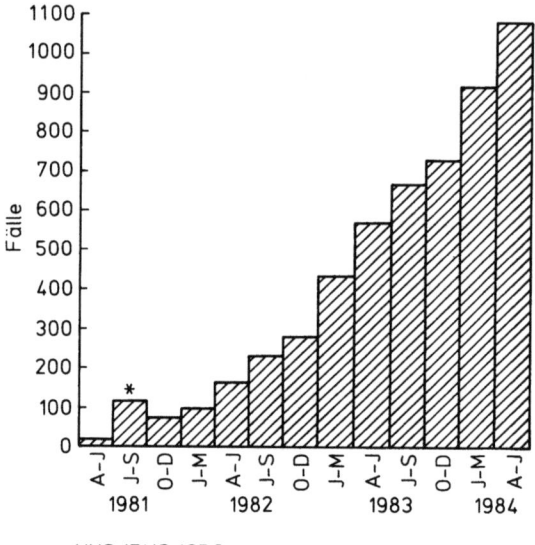

HHS/PHS/CDC

Abb. 2. AIDS-Fälle in den USA (1981 – 1984). *Einschließlich Fälle, die zu Beginn der CDC-Erfassung nachträglich als AIDS identifiziert werden

Wie kürzlich auf der AIDS-Tagung in Atlanta gesagt wurde, rechnet man für Herbst 1986 mit 19000 Fällen. Es wurde die Vermutung geäußert, daß bereits mehr als 500000 Einwohner der USA mit dem AIDS-Erreger infiziert, wenn auch noch nicht erkrankt sind. Das ist natürlich, wie gesagt, lediglich eine Vermutung bzw. Befürchtung.

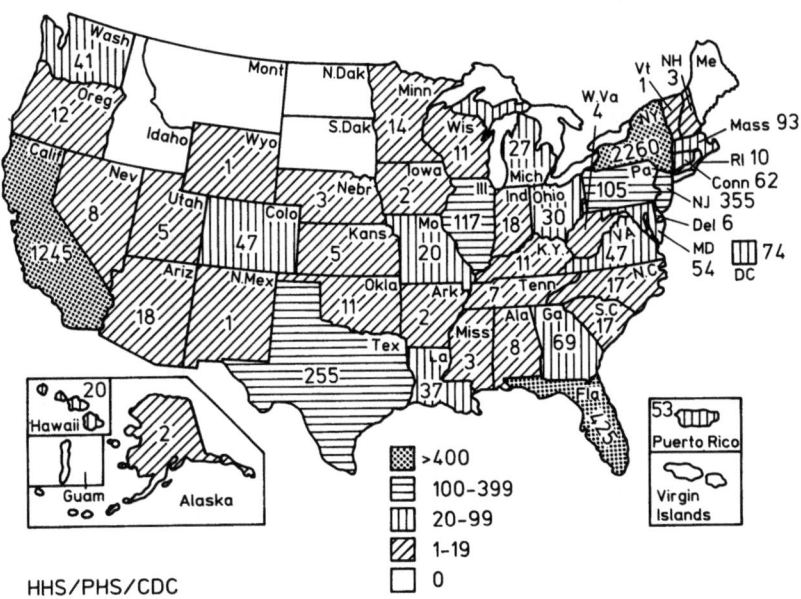

Abb. 3. AIDS-Fälle in den USA (Stand 20. 8. 1984)

In Europa verläuft die Entwicklung ähnlich. Wie in USA ist auch in Europa eine Konzentrierung auf gewisse Großstädte festzustellen. In Deutschland sind bisher etwa 150 Fälle ermittelt. Sie wurden hauptsächlich in den Großstädten Berlin, Hamburg, Frankfurt und München festgestellt. In der Schweiz gibt es die meisten Erkrankungen in Zürich und Genf, in Frankreich in Paris, in Belgien in Brüssel, in England in London.

Die europäischen Zahlen sind insgesamt wesentlich niedriger als die amerikanischen. Dafür gibt es hauptsächlich zwei Gründe. Erstens hat bei uns das AIDS-Problem erst zwei Jahre nach USA das Interesse der Mediziner und anderer Beteiligter gefunden und zweitens liegen vielleicht bezüglich der sogenannten Risikopersonen in Europa etwas andere Verhältnisse vor als in den Vereinigten Staaten. Damit bin ich bei einem außerordentlich interessanten Punkt, dessen Bedeutung weit über die medizinischen Aspekte hinausgeht. Ich habe versucht, in den folgenden Tabellen die Frage der Risikopersonen etwas näher zu beleuchten.

Tabelle 6. AIDS-Fälle in 17 europäischen Ländern

Land	Okt. 1983	Juli 1984	Okt. 1984	Dez. 1984	Inzidenz (pro Million Einwohner)
Österreich	7	0	0	13	1,7
Belgien	38	0	0	65	6.6
CSSR	0	0	0	0	0,0
Dänemark	13	28	31	34	6,6
Finnland	0	0	4	5	1,0
Frankreich	94	180	221	260	4,8
BRD	42	79	110	135	2,2
Griechenland	0	2	2	6	0,6
Island	0	0	0	0	0,0
Italien	3	8	10	14	0,3
Niederlande	12	21	26	42	2,9
Norwegen	0	0	4	5	1,2
Polen	0	0	0	0	0,0
Spanien	6	14	18	18	0,5
Schweden	4	7	12	16	1,9
Schweiz	17	28	33	41	6,3
Großbritannien	24	54	88	108	1,9
Gesamt	260	421	559	762	2,0

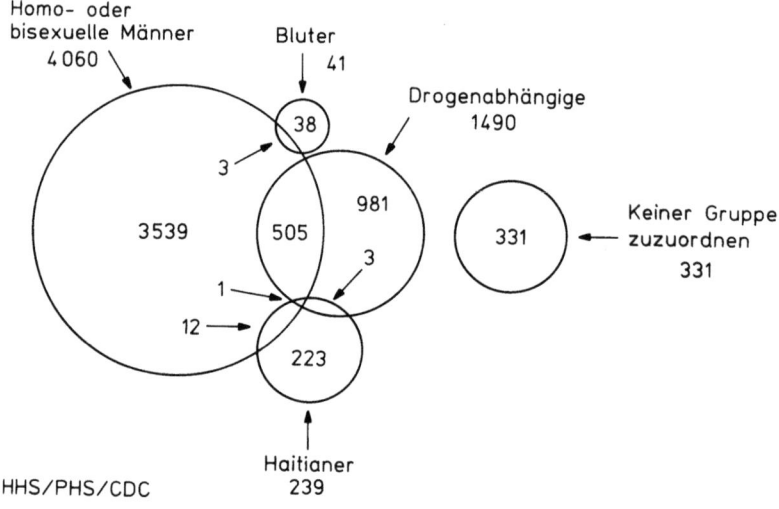

Abb. 4. Risikogruppen für AIDS bei 5636 Patienten (USA, 20. 8. 1984)

Tabelle 7. AIDS-Fälle nach Risikogruppen und Herkunft (Stand 31. 12. 1984)

Risikogruppen	Europa	Karibik	Afrika	Andere	Gesamt
1) Homo- oder bisexuelle Männer	514	2	5	16	537
2) Drogenabhängige	11	0	0	0	11
3) Bluter	20	0	0	0	20
4) Transfusionsempfänger (ohne andere Risikofaktoren)	4	0	4	0	8
5) 1) und 2) zusammen	9	0	0	2	11
6) Kein bekannter Risikofaktor					
Männer	29	17	64	2	112
Frauen	15	4	29	0	48
7) Unbekannt	3	1	9	2	15
Gesamt	605	24	111	22	762

Risikogruppen

Wie man sieht, ergibt eine Aufschlüsselung der AIDS-Patienten nach gewissen Gepflogenheiten ihres individuellen Verhaltens und – zugegebenermaßen – auch einiger anderer Parameter ein eindrucksvolles Bild. Etwa 90% der bisher an AIDS erkrankten Personen sind Homosexuelle, Bisexuelle und Drogenabhängige, die sich intravenös Drogen verabreichen. Dabei werden Injektionsnadeln und Spritzen mehrfach und von verschiedenen Personen benutzt. Bei der AIDS-Tagung, die kürzlich in Atlanta vom CDC veranstaltet wurde, berichtete ein Vortragender, daß weggeworfene Injektionskanülen in USA auf der Straße aufgelesen, äußerlich notdürftig gereinigt und zu Preisen neuer Kanülen an die Drogensüchtigen verkauft werden. Es ist kein Wunder, wenn es unter solchen Bedingungen zur Krankheitsübertragung kommt. Unter den AIDS-Patienten finden sich weiter Bluterkranke sowie Empfänger von Vollblut. Schließlich erkrankten Farbige, welche aus der Karibik stammten. Es bleibt aber ein Rest, der keiner dieser Gruppen zuzuordnen ist. Seit man bei der Weltgesundheitsorganisation in Genf auch die europäischen AIDS-Erkrankungen erfaßt, hat sich herausgestellt, daß auch Personen aus gewissen Gegenden Zentralafrikas an AIDS erkranken. Dort wird ein wichtiger Erregerherd vermutet.

An diesem Bild, welches sich schon sehr früh ergab, als man noch nichts über die zellulär-immunologische Basis und die Virusätiologie von AIDS wußte, hat sich bis heute, wo die Zahl der AIDS-Erkrankungen in die Tausende gehen, nichts Wesentliches geändert. Die Gruppen der Risikopersonen stellen immer noch das Hauptkontingent der AIDS-Kranken dar.

Die Folgerungen hieraus wiesen in eine bestimmte Richtung. Der Verdacht drängte sich geradezu auf, daß ein AIDS-Erreger existierte und daß er zumindest temporär im Blut zirkulierte. Schon aus früheren Untersuchungen hatte sich ergeben, daß bei AIDS ein immunologischer Defekt vorlag. Das wiederum führte zu der Vermutung, daß ein möglicher Erreger wahrscheinlich eine besondere Affinität zu bestimmten immunologisch wichtigen Zelltypen besitzen würde.

Bevor ich mich dieser Frage zuwende, gestatten Sie mir noch zwei Bemerkungen. Zur ersten kann ich Ihnen eine weitere Tabelle zeigen.

Tabelle 8. AIDS-Fälle nach Alter und Geschlecht in 17 europäischen Ländern (Stand 31. 12. 1984)

Alter (Jahre)	Männer	Frauen	Gesamt n	[%]
0–1	4	1	5	<1
1–4	0	0	0	0
5–9	0	0	0	0
10–14	2	0	2	<1
15–19	4	0	4	<1
20–29	106	31	137	18
30–39	335	18	353	46
40–49	188	8	196	26
50–59	45	2	47	6
≥60	7	0	7	<1
Unbekannt	11	0	11	1
Gesamt	702	60	762	100

Diese erste Bemerkung betrifft die Altersverteilung der AIDS-Patienten. Ich glaube, es wird aus der Tabelle 8 deutlich, daß es jüngere und mittlere Altersstufen sind, die an AIDS erkranken. Das ist plausibel. Gleichzeitig sieht man, wie überwiegend Männer an AIDS erkranken. Besonders deprimierend sind die AIDS-Erkrankungen bei Kindern im Alter von unter einem Jahr. Bei diesen Erkrankungen, deren Zahl weltweit schon über 130 Fälle beträgt, handelt es sich in der Regel um die Kinder von Müttern, welche mit bisexuellen Partnern Verkehr hatten. Hier sind mehrere Möglichkeiten der Infektübertragung denkbar. Ich kann aus Zeitgründen darauf nicht eingehen.

Die zweite Bemerkung betrifft AIDS-Fälle bei Blutern und nach Vollbluttransfusion. Diese Patienten werden mit dem AIDS-Erreger durch therapeutische Maßnahmen infiziert. Damit wird gegen den Grundsatz des „Nil nocere" verstoßen.

Keinem Menschen ist zumutbar, sich Blut transfundieren oder mit aus Blut gewonnenen Präparaten behandeln zu lassen, wenn er befürchten muß, ihm wird dabei der AIDS-Erreger übertragen. Bei den Blutbanken und sonstigen Blutspendediensten müssen also schleunigst alle Blutspenden auf AIDS untersucht und die positiven oder verdächtigen Spenden und Spender eliminiert werden. Die dazu nötigen Maßnahmen sind in Gang gebracht.

Von den zahlreichen aus Blutplasma hergestellten Präparaten sind es im wesentlichen die für die Bluterbehandlung benötigten Faktor-VIII- und -IX-Präparate, welche mit Recht in den Verdacht der AIDS-Übertragung geraten sind. Alles andere bleibt weitgehend unverdächtig. Der AIDS-Erreger war noch unbekannt, als dieser inzwischen erhärtete Verdacht entstand. Damals stützten nur epidemiologische Daten diese Vermutung. Diese Daten erlaubten den Schluß, daß, sofern es einen AIDS-Erreger gab, dieser ziemlich labil sein mußte. Es war zu erwarten, daß er nur in den sehr schonend gewonnenen Plasma-Fraktionen in vermehrungsfähiger Form vorkommen würde, falls das Ausgangsmaterial ihn enthielt.

Erreger und Labordiagnose

Ich glaube, ich sollte an dieser Stelle einige Worte über den AIDS-Erreger und die sich aus seiner Identifizierung und seiner praktisch unbegrenzten Züchtbarkeit im Laboratorium ergebenden diagnostischen Möglichkeiten sagen.

Der AIDS-Erreger ist heute bekannt. Er wurde unabhängig voneinander durch zwei Forschergruppen entdeckt. Die eine Gruppe arbeitete am Pasteur-Institut Paris. An ihrer Spitze stand Luc MONTAGNIER. Die andere Gruppe war die Gruppe GALLO an den NIH in Bethesda bei Washington. Die Ergebnisse und Erkenntnisse beider Gruppen stimmen praktisch überein. Sie bezeichnen den Erreger allerdings verschieden. Die Amerikaner nennen ihn HTLV III. Das ist die Abkürzung für Human-T-Lymphotropic Virus. Die französische Bezeichnung ist LAV. Das bedeutet Lymphadenopathy Associated Virus. Inzwischen gibt es sogar einen dritten Namen für den AIDS-Erreger, nämlich ARV, die Abkürzung für AIDS-associated retrovirus. HTLV III bedeutet also dasselbe wie LAV und ARV. Die Frage der absoluten Identität dieser drei Viren möchte ich hier nicht erörtern. An ihrer engen Verwandtschaft besteht wohl kein Zweifel.

Als Retrovirus ist der AIDS-Erreger ein Ribonukleinsäure-Virus. Retroviren sind im Tierreich weit verbreitet. Der AIDS-Erreger wurde zuerst aus menschlichen Lymphdrüsen gezüchtet. Inzwischen ist er aber sehr häufig auch im Blut, im Speichel und im menschlichen Samen nachgewiesen. Retroviren sind gegenüber chemischen und physikalischen Einflüssen sehr labil.

Seit 1984 kann der AIDS-Erreger (HTLV III/LAV/ARV) sehr leicht in vitro gezüchtet werden. Damit wurde die Herstellung diagnostischer Laborreagenzien möglich. GALLO hat einige amerikanische Firmen mit den Ausgangsmaterialien für die Produktion dieser Reagenzien versehen. Inzwischen hat die Food and Drug Administration einigen Firmen entsprechende Lizenzen erteilt. Auch Luc

Tabelle 9. AIDS-Erreger

HTLV III
(Human T-Lymphotropic Virus)
(GALLO et al.)

LAV
(Lymphadenopathy associated Virus)
(Luc MONTAGNIER et al.)

HTLV III sehr wahrscheinlich identisch mit LAV und ARV

ARV
(AIDS − associated retrovirus)

MONTAGNIER ist in analoger Weise vorgegangen. Die entsprechenden Laborreagenzien stehen seit einigen Monaten in USA und Europa zur Verfügung. Die Blutspendedienste stehen nunmehr, wie schon gesagt, vor der immensen Aufgabe, alle Spender und Spenden auf AIDS zu untersuchen. In der Bundesrepublik sollen etwa 2,5 – 3,5 Millionen Blutspenden pro Jahr erfolgen. Allein die quantitative Bewältigung dieser Untersuchungen ist schwierig. Eine Hypothek besonderer Art ist es, daß Beobachtungen vorliegen, denen zufolge falsch-positive und falsch-negative Untersuchungsergebnisse vorkommen. Das liegt z. T. in der Natur dieser Teste, bei denen die Grenze zwischen positivem und negativem Ausfall nicht nach überzeugenden wissenschaftlichen Kriterien gezogen werden kann. Ihre Bewertung ist im Bereich gewisser Ergebnisse eine Ermessensfrage. Deshalb soll Vorsorge getroffen werden, daß jeder positive Befund mit anderer Technik, deren es inzwischen mehrere gibt, überprüft wird.

Besonders heikel ist es, daß diese Teste eindeutig positiv bei Personen ausfallen können und auch tatsächlich ausgefallen sind, welche noch keinerlei Krankheitssymptome aufwiesen. Das liegt an der langen Zeit zwischen Ansteckung und Auftreten klinischer Symptome. Soweit es sich um Personen handelt, die einer der bekannten Risikogruppen angehören, betrifft das Untersuchungsergebnis nur diese Personen selbst. Es stellt trotzdem eine äußerst schwere seelische Belastung für den Betreffenden dar. Wenn der Befund aber bei einem Blutspender erhoben wird, sind mehrere Personen berührt, Spender und Empfänger. Dann trifft die seelische Last auch den Empfänger, der ja ohnehin schon unter einer Krankheit leidet. Dann hängt das Damoklesschwert über beiden, falls nicht die Übertragung des seropositiven Blutes verhindert wird.

Ich muß in diesem Zusammenhang auch einige Worte über das Wesen der z. Zt. zugänglichen diagnostischen Laborteste sagen. Sie sind Verfahren zur Bestimmung von Antikörpern gegen den AIDS-Erreger, das HTLV III bzw. LAV. Man weist also nicht den Erreger selbst nach.

AIDS – Ein Virusinfekt des Immunsystems

Welchen Schluß erlaubt bei diesem Sachverhalt ein positives Untersuchungsresultat?

Ein positives Ergebnis bedeutet, daß die Person, von der die untersuchte Blutprobe stammt, mit dem Virus HTLV III bzw. LAV infiziert wurde und daß dieses Virus vermutlich in dieser Person noch vorhanden ist. Die betreffende Person ist mithin unter bestimmten Voraussetzungen eine potentielle Ansteckungsquelle. Das ist bei AIDS eine Besonderheit. Man muß sich doch eigentlich fragen, weshalb im Falle von AIDS der Nachweis von Antikörpern gegen den Erreger nicht Immunität bedeutet. Das würde doch unseren gängigen Vorstellungen entsprechen. Wir brauchen nur an die zahlreichen Schutzimpfungen zu denken. Es erübrigt sich, hierfür Beispiele anzuführen. Weshalb ist das bei AIDS anders, woran nicht zu zweifeln ist?

Diese Frage ist im Augenblick nicht zuverlässig zu beantworten. Es ist aber fraglos so, daß die bei einem positiven AIDS-Test nachgewiesenen Antikörper nicht schützend, nicht protektiv wirken. Über das „Weshalb" läßt sich nur spekulieren. Der Grund könnte damit zusammenhängen, daß beim Ausschleusen der Virusteilchen aus der Zelle in die Oberfläche der Viren zu viele körpereigene Glycoproteine aus der Zellmembran aufgenommen werden. Die Immunzellen erkennen infolgedessen die Virusteilchen nicht als genügend körperfremd. Mit anderen Worten, die Unterscheidung zwischen „selbst" und „nicht-selbst" funktioniert nicht.

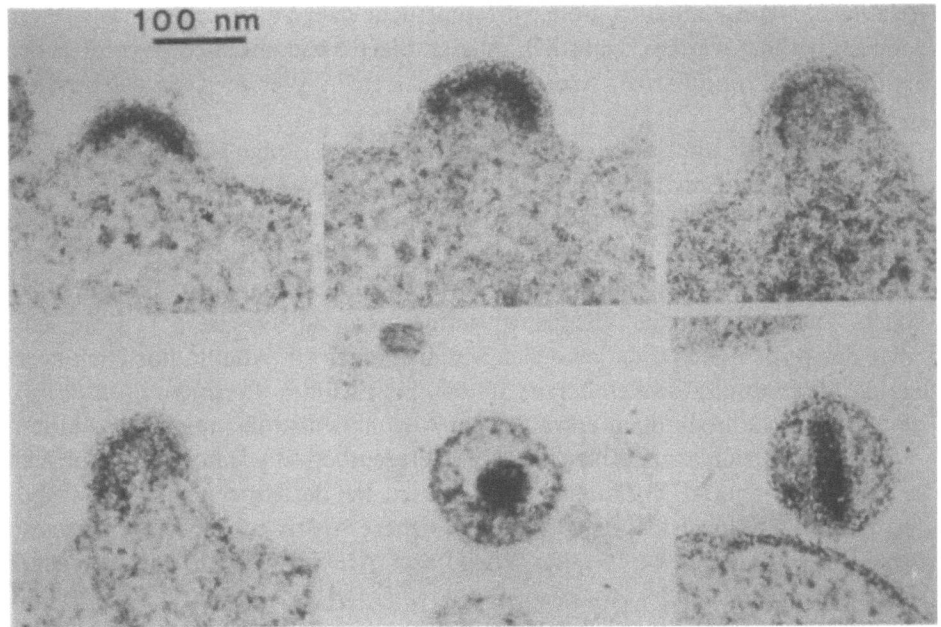

Abb. 5

Es gibt jedoch auch andere Deutungsmöglichkeiten. Von ihnen will ich die sogenannte Sequenzvariation nennen, d. h. eine große Variabilität in den Aminosäuresequenzen oberflächlicher Virusproteine, welche das serologische make-up der Virusteilchen verändern, so daß das Virus dem Zugriff der Antikörper entgeht.

Die mit dem AIDS-Erregern infizierten und die an AIDS oder an einem sogenannten ARC, AIDS-related-complex erkrankten Menschen stellen nicht nur die Ärzte vor ein schwieriges, z. Zt. nicht lösbares therapeutisches Problem. Sie bedeuten auch eine große menschliche, gesellschaftliche, psychologische und soziale Aufgabe. Wegen der Gefahr, daß ein positiver Laborbefund ganz abgesehen von der ärztlichen Problematik gesellschaftliche Diskriminierung und schwerste seelische Last bedeuten, muß auf diesem Gebiet mit größter Vorsicht vorgegangen werden. In vereinzelten Fällen ist es m. W. schon zum Selbstmord bei Personen gekommen, wenn ein positiver Laborbefund ohne Vorsicht mitgeteilt wurde oder wenn jemand Sexualpartner einer AIDS-verdächtigen Person war. Wegen dieser Möglichkeiten hat man wohl auch bisher davon Abstand genommen, AIDS-Erkrankungen oder AIDS-positive Befunde der Meldepflicht nach dem Bundesseuchengesetz zu unterstellen. Die WHO empfiehlt jedoch die Registrierung der AIDS-Fälle. Dafür gibt es gewichtige Gründe.

Die für das Gesundheitswesen zuständigen Behörden des Bundes und der Länder müssen in gewissen Bereichen handeln. Ich erwähnte bereits die drastischen Konsequenzen für die Blutbanken, Plasmaphereseeinrichtungen und die Hersteller von Blutprodukten. Der Laie macht sich meist keine zutreffenden Vorstellungen davon, daß auch große wirtschaftliche neben allen anderen Interessen dadurch berührt werden. Natürlich müssen diese ökonomischen gegenüber den ärztlichen und moralischen Aspekten zurücktreten. Aber ihr Gewicht behalten sie dennoch.

Eine wichtige und gleichermaßen beunruhigende Frage betrifft die weitere epidemiologische Entwicklung in USA und Westeuropa. Wer möchte nicht gern einen Blick in die epidemiologische Zukunft werfen können. An Extrapolationen auf der Grundlage der bisherigen Entwicklung fehlt es nicht. Das Spektrum der Prognosen reicht von apokalyptischen Visionen bis zu bagatellisierenden Projektionen. Tatsächlich steigen die Zahlen immer noch an. Das ist z. T. sicher eine Folge der verbesserten diagnostischen Möglichkeiten. In Atlanta hörte ich kürzlich die Vermutung, es seien bereits 500 000 bis 1 Million Personen in USA infiziert, wenn auch noch nicht erkrankt. Im Augenblick ist das reine Spekulation.

Die Furcht, sich anzustecken ist groß. Gelegentlich ist es schon zu Problemen bei der Pflege von AIDS-Patienten gekommen. Bei der Untersuchung von Blut, das den AIDS-Erreger enthielt, sind aber sichere Ansteckungen bisher genauso wenig vorgekommen, wie bei der Pflege von AIDS-Patienten oder bei deren Haushaltsangehörigen.

Derartige Infekte sind auch äußerst unwahrscheinlich, zumal jetzt, nachdem man den Erreger und seine Eigenschaften kennt. Man weiß, wie man sich beim

Umgang mit Blut schützen kann. Auch für die breite Bevölkerung sehe ich z. Zt. kein wesentliches AIDS-Risiko.

Bis jetzt sind bei uns etwa 90% aller AIDS-Erkrankungen in den bekannten Risikogruppen vorgekommen: Homosexuelle, Bisexuelle, Drogenabhängige, Bluterkranke, Prostituierte, welche mit Risikogruppenangehörigen Geschlechtsverkehr hatten, Frauen bisexueller Männer und ihre Kinder und Afrikaner. Deshalb glaube ich, daß sich bei uns die Krankheit in nächster Zukunft im wesentlichen auf diesen Personenkreis beschränken wird. Die Übertragung setzt offensichtlich doch einen außerordentlich engen Kontakt zwischen den Beteiligten voraus oder eben die Übertragung von Blut oder aus Blut gewonnenen bestimmten Präparaten. Natürlich weiß ich, daß der AIDS-Erreger auch in der Samenflüssigkeit und im Speichel nachgewiesen wurde. Dennoch bin ich davon überzeugt, daß diese beiden Stoffe unter dem, was ich einmal „normale Verhältnisse" nennen möchte, als Infektionsquelle keine große Rolle spielen. Das kann ich allerdings nicht beweisen. Die WHO und die USA haben sich jedenfalls veranlaßt gesehen, kürzlich darauf hinzuweisen, daß dem AIDS-Problem bei der Samenspende und der Organspende Aufmerksamkeit geschenkt werden muß.

Die Weltgesundheitsorganisation scheint in ihrem im Mai veröffentlichten Resümee der Tagung von Atlanta auch davon auszugehen, daß für die nächste Zeit nicht mit einer Ausbreitung des Erregers in anderen Bevölkerungsgruppen zu rechnen ist. Dem würde ich mich anschließen.

Herkunft des HTLV III

Bei AIDS harren natürlich noch viele Fragen einer Antwort. Beispielsweise bewegt die Frage nach der Herkunft des AIDS-Erregers die Gemüter. Wo ist sein ursprüngliches Reservoir? GALLO, einer der Wissenschaftler, der neben der Pasteur-Gruppe mit seiner Gruppe bei Food and Drug in Bethesda das Virus erstmals aus Patienten züchtete, meint, wenn ich ihn richtig verstanden habe, daß die „Heimat" dieses Virus Zentralafrika ist und daß das Virus auf verschiedenen Wegen nach Europa kam. Es wird deshalb äußerst wichtig und interessant sein, systematisch mit den jetzt zugänglichen Labormethoden Blutuntersuchungen bei der Bevölkerung der afrikanischen Gebiete vorzunehmen, in denen man den Ursprungsherd des AIDS-Erregers vermutet. Diese Ergebnisse können u. U. unsere gegenwärtigen Vorstellungen von AIDS noch wesentlich modifizieren.

Der eine Ausbreitungsweg soll mit dem Sklavenhandel in die Karibik geführt haben, von der Karibik in die USA, wo das Virus in den großen Homosexuellen-Gruppen in Los Angeles, San Francisco, New York und Florida Fuß faßte. Von dort schließlich kam der Erreger nach Europa.

Ein zweiter Weg führte von Afrika direkt nach Europa. Auch für diesen zweiten Weg gibt es plausible Hinweise.

Ein dritter Weg schließlich soll vor einigen Jahrhunderten nach GALLO nach Ostasien geführt haben. Ob diese Vermutungen zutreffen, läßt sich verständlicherweise nicht mehr klären.

Die Frage, ob es sich um ein völlig neuartiges Virus handelt, würde ich aus meiner Sicht verneinen. Es ist natürlich auch eine Definitionsfrage, was man als „neu" bezeichnen will. Die Gruppe der Retroviren ist jedoch seit Jahrzehnten bekannt, auch in der menschlichen Pathologie. HTLV III war lediglich noch nicht entdeckt. Der Umstand, daß die AIDS-Erkrankungen und ähnliche Symptome erst seit 4–5 Jahren so große Bedeutung erlangt haben, hängen m. E. mit den politischen, gesellschaftlichen und ökonomischen Veränderungen der letzten Jahrzehnte zusammen. Vielleicht steht uns hier ohnehin noch einiges andere an Überraschungen ins Haus, denn die intensiven Beziehungen, welche heute durch Tourismus, Entwicklungshilfe und ökonomische Aktivitäten zwischen den Kontinenten existieren, schaffen selbstverständlich auch neue Möglichkeiten des Erregertransportes zwischen den Kontinenten. Besonders interessant wäre es, wenn etwas darüber in Erfahrung gebracht werden könnte, wann etwa der Erreger von AIDS oder seine Spuren zum ersten Male in der europäischen oder nordamerikanischen Bevölkerung feststellbar wurden. Das erscheint zunächst ziemlich aussichtslos. Wie soll man Vorgänge zeitlich festlegen, die möglicherweise jahrelang zurückliegen. Dafür gibt es aber doch eine bescheidene Möglichkeit. Man müßte beispielsweise Blutproben untersuchen, die vor Jahren entnommen wurden, die seitdem unter geeigneten Bedingungen, also etwa tief gekühlt aufbewahrt wurden und die vom Kreis der Risikopersonen stammen. Eine solche Personengruppe sind die Bluterkranken. Es fragt sich also, ob Blutproben von Bluterkranken aus der zweiten Hälfte der 70er Jahre noch für eine Untersuchung zur Verfügung stehen. In einem geringen Umfang ist das tatsächlich der Fall. Herr GÜRTLER (Max-von-Pettenkofer-Institut München) hat Blutproben von Hämophilen, welche in den letzten acht Jahren entnommen worden waren und seitdem aufbewahrt wurden, auf Antikörper gegen HTLV III untersucht. Er fand die erste positive Blutprobe unter den 1981 entnommenen. Wenn auch die Zahlen sehr klein sind, so

Tabelle 10. Antikörper gegen HTLV-III bei Hämophilen (GÜRTLER et al.)

Jahr	Anzahl pos.	Anzahl getestet	[%]
1978	0	7	
1979	0	10	
1980	0	7	
1981	1	13	8
1982	3	15	20
1983	9	22	41
1984	21	40	53

wäre darin doch ein Hinweis zu sehen, daß schätzungsweise ab 1980 die Hämophilen mit Plasmaderivaten behandelt wurden, die den AIDS-Erreger enthielten.

Es wäre natürlich höchst interessant zu ermitteln und zu erfahren, von welchen Blutspendern die entsprechenden Faktor-VIII-Präparate stammten.

Inzwischen liegt auch eine äußerst interessante Studie aus England vor. In ihr wurden mehrere hundert Blutproben von Homosexuellen aus London und aus anderen Gegenden Englands, die in der Studie nicht spezifiziert werden, auf Antikörper gegen den AIDS-Erreger untersucht. Die untersuchten Blutproben stammten aus den Jahren 1980 bis 1984. Die Personen waren nicht an AIDS erkrankt. Die Blutproben waren ursprünglich entnommen worden, um andere Untersuchungen vorzunehmen. Das Ergebnis dieser Studie ist äußerst interessant. In London nahm der Anteil positiver Blutbefunde von 5,2% im Jahre 1980 auf 34,1% im Jahre 1984 zu. Bei den Homosexuellen fanden sich große lokale Unterschiede der Häufigkeit positiver Ergebnisse zwischen 1,6% und 11,2%.

Anders als die Untersuchungsresultate GÜRTLERS an Blutern zeigen die englischen Befunde, daß der AIDS-Erreger schon 1980, wenn nicht bereits früher in die britische Homosexuellen-Szene eingebracht worden war. GÜRTLERS Untersuchungen dagegen lassen eine ebenfalls äußerst wichtige Vermutung zu, nämlich ab wann etwa Faktor-VIII-Präparate angewandt wurden, die den AIDS-Erreger enthielten.

Erlauben Sie mir nun noch einige Worte darüber, wie die Immundefizienz bei AIDS entsteht und über den Erreger von AIDS. Ich werde versuchen, dies unter Auslassung vieler z. T. wesentlicher Details in einer hoffentlich auch für den Laien verständlichen Form zu tun.

Tabelle 11. HTLV-III-Antikörper in ausgewählten Bevölkerungsgruppen in der Bundesrepublik Deutschland

Gruppe	Anzahl positive	getestet	% positive
AIDS-Patienten	43	53	81
Risiko-Gruppen			
Homosexuelle gesamt	765	1967	39
asymptomatisch	204	814	25
mit Lymphadenopathie (LAS/ARC)	276	385	72
Bluterkranke	297	710	42
i.v. Drogenabhängige	12	35	34
Potentielle Risiko-Gruppen			
Prostituierte	0	101	0
Laborpersonal	0	42	0
Polytransfundierte	0	35	0
gegen Hepatitis B Geimpfte	0	98	0
Blutspender	12	7240	0,17

Rolle des Immunsystems bei AIDS

Das Immunsystem des menschlichen Körpers besteht aus zwei Komponenten, einer humoralen und einer zellulären. Träger der humoralen Immunität sind die sogenannten Antikörper. Bei ihnen handelt es sich um hochspezifische Eiweißkörper, sogenannte Immunglobuline. Diese Immunglobuline sind in vielen Körperflüssigkeiten, besonders im Blut in gelöster Form vorhanden. Gebildet werden die Antikörper von weißen Blutzellen in den Lymphdrüsen, im Wurmfortsatz, in der Milz, in den Rachen- und Gaumenmandeln und an vielen anderen Stellen. Die Bildung der Antikörper wird durch Stoffe stimuliert, die man als Antigene bezeichnet. Mehr möchte ich über die humorale Seite des Immunsystems im Zusammenhang des Themas AIDS nicht sagen.

Man macht sich diese Fähigkeit des menschlichen Organismus, Immunglobuline zu bilden, bekanntlich in den zahlreichen Impfungen zunutze, weil fast alle Krankheitserreger und ihre Bestandteile Antigene sind. Aber auch ohne Impfung kommt es durch die ansteckenden Krankheiten zur Antikörperbildung.

Schon seit der Zeit BEHRINGS und METSCHNIKOFFS wurde die Existenz eines zweiten immunologischen Systems, das auf vorweigend zellulären Mechanismen beruht, vermutet. Auch dieses System spielt bei der Kontrolle und der Überwindung ansteckender Krankheiten eine wichtige Rolle.

Auch die Träger der zellulären Immunität gehören wie die antikörperbildenden Zellen zu den sogenannten weißen Blutkörperchen. Bei der Gesamtheit der weißen Blutzellen handelt es sich um ein differenziertes Zellsystem mit verschiedenartigsten Wechselwirkungen. In ihm gehören die immunologisch aktiven bzw. reaktiven Zellen und zwar sowohl die antikörperbildenden Zellen als auch die Zellen, welche die zellulären Mechanismen vermitteln, zu den sogenannten Lymphzellen oder Lymphozyten. Diese Lymphozyten lassen sich somit in zwei Kategorien einteilen. Die antikörperbildenden Zellen werden als B-Lymphozyten oder B-Zellen bezeichnet, jene anderen Zellen, die die zellulären Mechanismen vermitteln, als T-Zellen.

Weshalb sie so bezeichnet werden, das zu erläutern, würde in einem Vortrag über AIDS zu weit führen. Wenn man jedoch das Entstehen und den Verlauf der Krankheit AIDS ein wenig verstehen will, dann muß mit wenigen Worten auf diese immunologischen Zusammenhänge eingegangen werden.

Der AIDS-Erreger ist ein Virus, welches vorzugsweise Zellen aus der T-Reihe der Lymphzellen infiziert. Aber er befällt nicht wahllos alle T-Zellen. Vielmehr selektiert er dabei. Die T-Zellen sind nämlich keineswegs alle gleich. Sie lassen sich in verschiedene Unterpopulationen mit ganz unterschiedlichen Aufgaben und Funktionen einteilen. Eine dieser Unterpopulationen sind die sogenannten T4-Zellen, auch Helferzellen genannt. Eine zweite Unterpopulation sind die T8-Zellen. Letztere werden auch als Suppressorzellen bezeichnet. Beide Zelltypen lassen sich relativ leicht und einfach voneinander unterscheiden. Die Bezeichnung als Helfer (Helper)- und Suppressorzellen deutet schon die unterschiedli-

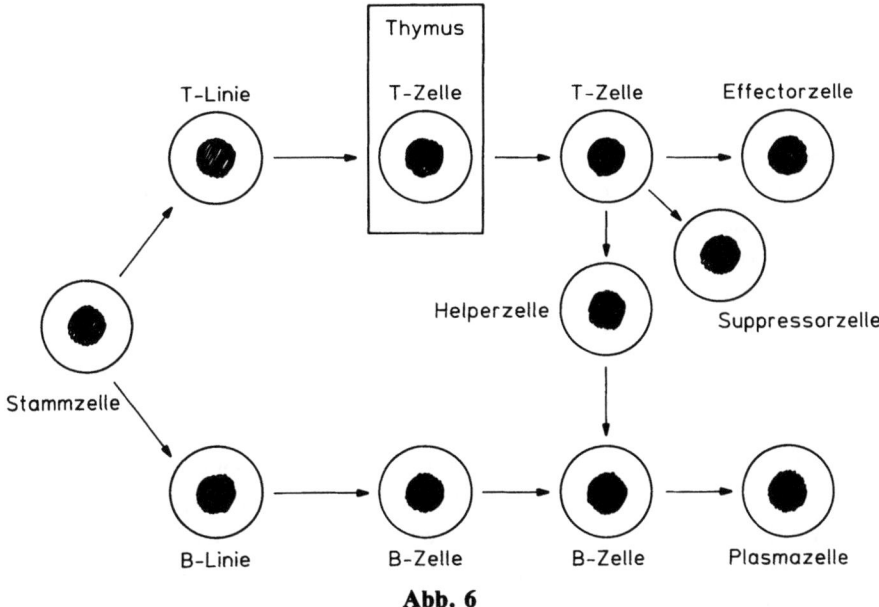

Abb. 6

chen Funktionen beider Zellkategorien an. In diesen verschiedenen Funktionen, denen eine unterschiedliche Feinstruktur der Zelloberfläche beider Zellkategorien entspricht, liegt aber leider auch der Bezug zu AIDS oder genauer gesagt zum AIDS-Erreger. Worin besteht dieser Bezug? Kurz gesagt darin, daß der AIDS-Erreger bevorzugt die T4-Zellen befällt. Er vermehrt sich in diesen Zellen. Die Zellen gehen daran zugrunde. Das Resultat ist eine fatale lebensbedrohende Störung der immunologischen Balance des menschlichen Organismus. Das Verhältnis T4-Zellen zu T8-Zellen, welches normalerweise etwa 2:1 beträgt, kehrt sich um, es wird 1:2 oder noch weniger.

Man ahnt, wie unser Wohlbefinden von der Funktion eines einzigen Zelltyps abhängt, welcher innerhalb eines ganzen Orchesters immunologisch kompetenter Lymphzellen bestimmte Aufgaben zu erfüllen hat.

Der Untergang der T4-Zellen als Folge der Infektion durch das HTLV III-Virus schafft die Voraussetzungen für die AIDS-Erkrankung. Ich glaube, daß damit der erste Schritt in der Pathogenese von AIDS plausibel ist. Alles weitere, beispielsweise, daß so viele opportunistische Infektionen mit für normale Menschen harmlosen Keimen außer Kontrolle geraten und auch, daß Tumoren auftreten, erscheint als Folge des Ausfalls der T4-Zellen. Die molekulare Basis der Erreger-Wirtszellbeziehung ist aber damit natürlich noch nicht geklärt. Hier warten noch viele immunologische und biochemische Fragen auf Antwort. Aber verständlich erscheint nunmehr, weshalb ein so zentrales wesentliches Element der Krankheit AIDS der Immundefekt ist.

HTLV III/LAV/ARV

Mit einigen wenigen Worten möchte ich zum Schluß noch einmal auf den AIDS-Erreger zurückkommen. Ich sagte bereits, daß er zur Gruppe der sogenannten Retroviren gehört und daß diese Retroviren RNS-Viren sind. Während Retroviren als Ursache von Tierkrankheiten schon viele Jahre bekannt sind, ist ihre Rolle in der menschlichen Pathologie erst in den letzten Jahren genauer erkannt und erforscht worden. Beim Menschen spielen drei, möglicherweise vier Retroviren nach dem bisherigen Kenntnisstand eine Rolle. Von den drei Viren, die als HTLV I, HTLV II und HTLV III bezeichnet werden, sind die ersten beiden als Erreger von Leukämien erkannt, das Virus HTLV III wie gesagt als Ursache von AIDS. Alle drei Viren besitzen unter ihren Proteinen ein Enzym, welches RNS in DNS umschreiben kann. Derartige Enzyme heißen reverse Transcriptasen. Die so entstandene DNS kann dann u. U. in das Zellgenom inseriert werden. Sie wird dadurch zu einem Bestandteil dieses Zellgenoms und auf Tochterzellen vererbt. Falls das Virusgenom unter seinen verschiedenen Genen ein sogenanntes Oncogen besitzt, welches normale Zellen in Tumorzellen umwandeln und dadurch, wie man sagt, immortalisieren kann, ist der Weg zu einer bösartigen Erkrankung, einem Tumor beschritten.

Das HTLV III, der AIDS-Erreger, besitzt im Unterschied zu HTLV I und HTLV II kein Oncogen. Die HTLV-III-infizierten Zellen werden infolgedessen nicht oncogen transformiert, sie gehen stattdessen anscheinend in der Regel an der Infektion zugrunde. Folge AIDS. Allerdings muß man zugeben, daß wir viele Einzelheiten der Virusvermehrung noch nicht kennen.

Die Alternativen, vor denen ein Patient bei einem Retrovirusinfekt im Augenblick zu stehen scheint, sind in jedem Fall fatal. Sie gleichen langsam vollstreckten Todesurteilen.

Die Therapie der AIDS-Erkrankung ist z. Zt. alles andere als erfolgversprechend. Auch auf der von mir mehrfach erwähnten Tagung in Atlanta wurden keine Berichte über Behandlungserfolge oder Behandlungsergebnisse vorgetragen, die große Hoffnungen rechtfertigen. Die Situation, in der sich die kurative Medizin bei AIDS befindet, ist äußerst schwierig. Die Patienten suchen leider oft den Arzt erst dann auf, wenn das AIDS-Virus die Population der T4-Lymphozyten weitgehend zerstört hat und sich die Folgen, opportunistische Infekte oder Tumoren wie Kaposi-Sarkome eingestellt haben. Das bedeutet, der Vorhang ist genau genommen nach dem ersten Akt des Dramas AIDS bereits niedergegangen. Der Arzt sieht die AIDS-Patienten in aller Regel zum ersten Mal im zweiten Akt. Natürlich gab es auf der Tagung in Atlanta auch gemäßigt optimistische therapeutische Berichte (Suramin, Viblastin, HPA-23, Interferon). Bei einer Krankheit, die erst seit vier Jahren bekannt ist, die derartig protrahiert verläuft wie AIDS, die eine äußerst hohe Sterblichkeit besitzt, scheint es aber kaum möglich, beobachtete therapeutische Effekte z. Zt. abschließend zu beurteilen. Natürlich wird es möglich sein, einige der opportunistischen Infektionen, welche für die Krankheit AIDS typisch sind, therapeutisch zu beeinflussen; vielleicht auch manchen der Tumoren, die im Verlauf von AIDS auftreten.

Aber man muß sich doch fragen, ob mit derartigen therapeutischen Bemühungen der Hebel an jener Stelle ansetzt, von der aus der pathogenetische Primärvorgang im engeren Sinne von Heilung beeinflußt werden kann. Dieser Primärvorgang ist die Zertörung der T4-Lymphozyten durch das AIDS-Virus. Wenn man sich das vor Augen hält, dann findet man schwerlich therapeutische Ermutigung. Bleibt die Prophylaxe. Auf deren Probleme habe ich schon hingewiesen. So lange wir nicht wissen, welche Antigene des HTLV III protektive Antikörper stimulieren, ist auch kein klarer Weg für eine Impfstoffentwicklung zu sehen. Aber dennoch werden selbstverständlich in dieser Richtung die stärksten Anstrengungen unternommen. Wenn es eine Immunität gegen AIDS gibt, dann muß die Präparation aller Virusantigene letztlich auch das für die Protektion verantwortliche erfassen und damit die Grundlage für einen Impfstoff liefern. Frau HECKLER, die amerikanische Gesundheitsministerin hat auf der von mir bereits mehrfach erwähnten Tagung in Atlanta im April dieses Jahres gesagt, daß AIDS für die Regierung der USA z. Zt. das Gesundheitsproblem Nr. 1 ist und daß, wenn ein Impfstoff verfügbar sein wird, diese Impfung allen Amerikanern angeboten werden wird.

Es ist zu fragen, was man in der Zwischenzeit tun kann, um Krankheit und Epidemie unter Kontrolle zu bringen. Abgesehen von der intensiven Fortsetzung der therapeutischen Bemühungen müssen sich m. E. die Aktivitäten darauf konzentrieren, dem Erreger die Übertragungswege zu verlegen. Wir müssen die Infektketten zu unterbrechen versuchen, beispielsweise durch desinfektorische und andere hygienische Maßnahmen. Man kennt einige, vermutlich die wichtigsten Übertragungswege. Fraglich ist, ob wir bereits alle kennen. Es wird entscheidend darauf ankommen, herauszufinden, ob und in welchem Maße der Erreger und seine Spuren außerhalb der Risikogruppen festzustellen sind. Trotz ihrer vielen Mängel werden dabei die bereits zugänglichen Laborteste gute Dienste leisten können. Systematische Untersuchungen der Bevölkerung in den vermuteten Ursprungsgebieten des AIDS-Erregers, beispielsweise in Zaire, lassen hier wertvolle Informationen erwarten.

Mir ist bewußt, daß die offensichtlich große Variabilität des Erregers dabei ein erhebliches Handicap darstellt.

Bei allen vorbeugenden Maßnahmen wird die richtige sachgemäße Aufklärung der Öffentlichkeit über das Wesen dieser Krankheit, welche auf jede Diskriminierung wichtiger Gruppen der Risikopersonen verzichtet, eine große Rolle spielen müssen. Nur am Rande möchte ich in diesem Zusammenhang bemerken, daß nach meinen Informationen dabei auch der Situation in den Strafanstalten Aufmerksamkeit geschenkt werden muß. AIDS ist eben nicht nur, das sei abschließend noch einmal festgestellt, ein immunologisches oder virologisches, sondern auch ein intimste menschliche Verhaltensweisen berührendes Problem, welches nicht nur die Medizin angeht. Sicher sind primär Medizin, besonders Virusforschung und Immunologie gefordert, aber daneben auch Psychologie, Theologie, Jurisprudenz und ganz allgemein auch die Politik. Wir wissen im Augenblick nicht, vor welchen epidemiologischen Entwicklungen wir bei AIDS stehen. Ich hoffe, daß letztlich die biologischen Kontrollmechanismen, über die der menschliche Organismus verfügt, für die Bekämpfung von AIDS erfolgreich eingesetzt werden können, daß also in nicht allzu weiter Ferne die Entwicklung eines Impfstoffes gelingt.

Literatur

1. Pneumocystis Pneumonia Los Angeles (1981) Morbidity and Mortality Weekly Report 30:250
2. Kaposi's Sarcoma and Pneumocystis Pneumonia among Homosexual Men – New York City and California (1981) Morbidity and Mortality Weekly Report 30:305
3. Centers for Disease Control (1982) Task Force on Kaposi's Sarcoma and Opportunistic Infections. Epidemiologic aspects of the current outbreak of Kaposi's sarcoma. New Engl J Med 306:248
4. GOTTLIEB MS, SCHROFF R, SCHAUKER HM (1981) Pneumocytis carinii pneumonia and mucosal candidiasis in previously health homosexual men: evidence of a new acquired cellular immunodeficiency. New Engl J Med 305:1425
5. MASUR H, MICHELIS MA, GREENE JB et al (1981) An outbreak of community – acquired Pneumocystis carinii pneumonia: initial manifestations of cellular immune dysfunction. New Engl J Med 305:1431
6. Follow up on Kaposi's Sarcoma and Pneumocystis Pneumonia (1981) Morbidity and Mortality Weekly Report 30:409
7. POPOVIC M, SAANGADHARAN MG, RED E, GALLO RC (1984) Detection, Isolation and Continuous Production of Cytopathic Retroviruses (HTLV III) from Patients with AIDS and Pre-AIDS. Science 224:497
8. BARRE-SINOUSSI F, CHERMANN JC, REY F, NUGEYRE T, CHAMARET S, GRUEST J, DAUQUERT C, AXLER-BLUE C, VEZINET-BRUN F, ROUZIOUX C, ROZENBAUM W, MONTAGNIER L (1983) Isolation of a T-lymphotropic retrovirus from a patient at risk for acquired immune deficiency syndrome (AIDS). Science 220:868
9. L'AGE-STEHR (1983) Erworbene Immundefekte – eine neue Infektionskrankheit. Bundesgesundheitsblatt 26:93
10. Merkblatt No. 43 (1983) Das erworbene Immundefekt-Syndrom AIDS. Bundesgesundheitsblatt 26:286
11. de COCK KM (1984) AIDS: an old disease from Africa. Brit med Journ 289:306
12. HUNSMANN G et al (1985) Seroepidemiology of HTLV III (LAV) in the Federal Republic of Germany. Klin Wochenschr 63:233
13. EDELMAN R (1984) Summary of the National of Health Research Workshop on the Epidemiology of the Acquired Immunodeficiency Syndrome (AIDS). Journ inf Dis 150:295
14. WHO Memoranda (1984) Acquired Immunodeficiency syndrome – an assessment of the present situation in the world: Memorandum from a WHO Meeting. Bull WHO 62:419

15. FEORINO PM et al (1985) Transfusion-Associated Acquired Immunodeficiency Syndrome. New Engl Journ Med 312:1293
16. OSTRHOLM MT et al (1985) Screening Donated Blood and Plasma for HTLV-III-Antibody. New Engl Journ Med 312:1185
17. WAIN-HOBSON et al (1985) Nucleotide Sequence of the AIDS-Virus. LAV Cell 40:9
18. RATNER L et al (1985) Complete nucleotide sequence of the AIDS-Virus, HTLV III. Nature 313:277
19. MUESING MA et al (1985) Nucleic acid structure and expression of the human AIDS/lymphadenopathy retrovirus. Nature 313:449
20. SANCHEZ-PESCADOR R et al (1985) Nucleotide Sequence and Expression of an AIDS-Associated Retrovirus (ARV-2). Science 227:484
21. GALLO R et al (1984) Frequent Detection and Isolation of Cytopathic Retrovirus (HTLV III) from Patients with AIDS and at Risk for AIDS. Science 224:500
22. JAFFE HW et al (1984) Transfusion – Associated AIDS: Serologic Evidence of Human T-Cell Leukemia Virus Infection of Donors. Science 223:1309
23. VOGT M et al (1983) Erworbenes Immundefektsyndrom (AIDS). DMW 108:1927
24. HEHLMANN R et al (1985) AIDS und HTLV III in der Bundesrepublik Deutschland. Stand Februar 1985. Klin Wochenschr 63:385
25. WOFSY CB et al (1984) The Acquired Immune Deficiency Syndrome: An International Health Problem of Increasing Importance. Klin Wochenschr 62:512
26. SHAW GM et al (1984) Molecular Characterization of Human T-Cell Leukemia (lymphotropic) Virus Type III in the Acquired Immune Deficiency Syndrome. Science 226:1165

Sitzungsberichte der Heidelberger Akademie der Wissenschaften
Mathematisch-naturwissenschaftliche Klasse

Die Jahrgänge bis 1921 einschließlich erschienen im Verlag von Carl Winter, Universitätsbuchhandlung in Heidelberg, die Jahrgänge 1922–1933 im Verlag Walter de Gruyter & Co. in Berlin, die Jahrgänge 1934–1944 bei der Weißschen Universitätsbuchhandlung in Heidelberg. 1945, 1946 und 1947 sind keine Sitzungsberichte erschienen.
Ab Jahrgang 1948 erscheinen die „Sitzungsberichte" im Springer-Verlag.

Inhalt des Jahrgangs 1979/80:
1. H. P. Schmitt. Akute und intervalläre Strahlenschäden des Zentralnervensystems. DM 84,–.
2. W. v. Engelhardt. Phaetons Sturz – ein Naturereignis? DM 26,–.
3. R. Haas. Influenza – Bagatelle oder tödliche Bedrohung? DM 19,80.
4. T. Kirsten (Hrsg.). Geophysik in Heidelberg. DM 52,–.
5. M. Becke-Goehring. Anorganische Chemie zwischen gestern und morgen. DM 24,–.

Inhalt des Jahrgangs 1980:
1. F. Duspiva. Das Problem der Determination und Differenzierung in der Biologie. DM 20,–.
2. E. Hinz. *Schistosoma intercalatum*-Infektionen in Afrika. Saisonkrankheiten in Nigeria. DM 42,–.
3. J. C. Vogel. Fractionation of the Carbon Isotopes During Photosynthesis. DM 18,80.
4. W. Doerr, W.-W. Höpker, W. Hofmann, K. Kayser, C. Tschahargane. Onkologisches Panorama. Krebsregister, Früherkennung, Phylogenie. DM 18,20.

Inhalt des Jahrgangs 1981:
1. F. Kirchheimer. Die Medaillen der Kurpfälzischen Akademie der Wissenschaften. DM 23,–.
2. S. Berking. Zur Rolle von Modellen in der Entwicklungsbiologie. DM 24,50.
3. Th. Wieland. Moderne Naturstoffchemie am Beispiel des Pilzgiftstoffes Phalloidin. DM 19,–.
4. S. Sambursky. Religion und Naturwissenschaft im spätantiken Denken. DM 10,50.

    W. Doerr. W. Hofmann, A. J. Linzbach, K. Rother, F. Seitelberger, Neue Beiträge zur Theoretischen Pathologie. Herausgegeben von H. Schipperges. Supplement. Geb. DM 62,–.

    Th. Henkelmann. Zur Geschichte des pathophysiologischen Denkens. John Brown (1735–1788) und sein System der Medizin. Supplement. Geb. DM 54,–.

Inhalt des Jahrgangs 1982:
1. E. G. Jung. Licht und Hautkrebse. Modelle und Risikoerfassung. DM 26,–.
2. H. H. Schaefer. Georg Cantor und das Unendliche in der Mathematik. DM 17,50.
3. G. Greiner. Spektrum und Asymptotik stark stetiger Halbgruppen positiver Operatoren. DM 18,50.
4. W. Doerr. Cacer à deux. DM 13,80.
5. W. Jaeger. Untersuchungen zu Farbkonstanz und Farbgedächtnis. DM 12,80.
6. H. Habs. Die sogenannte Pest des Thudydides. Versuch einer epidemiologischen Analyse. DM 24,80.

    B. M. Thimm. Brucellosis. Distribution in Man, Domestic an Wild Animals. Supplement. Geb. DM 45,–.

    G. Breitfellner. Der Sekundenherztod. Ein morphologisches, funktionelles und sektionsstatistisches Profil. Supplement. Geb. DM 128,–.

If you have any concerns about our products,
you can contact us on
ProductSafety@springernature.com

In case Publisher is established outside the EU,
the EU authorized representative is:
**Springer Nature Customer Service Center GmbH
Europaplatz 3, 69115 Heidelberg, Germany**

Printed by Libri Plureos GmbH
in Hamburg, Germany